你不可不知的爆笑另类科普

小厕所中的大学问

[日]绘里子 著　[日]寺崎爱 绘

王慧 译

北京体育大学出版社

注：“世界厕所研究所”是书中虚构的组织。

一……一个人的话……我不太敢啊！
没关系的！
那就让导游陪着你一起去吧！
锵！！
她是旅行专家绘里子小姐。
就这样，二人结伴而行。
我们出发啦！
他们踏上了调查世界各国厕所的旅程。
好嘞！
咕噜咕噜
路上注意安全啊！

本书中的主要人物

世界厕所研究所

调查世界各国厕所的神秘组织

世界厕所研究所所长，厕所博士，对厕所非常了解。

佐藤先生

厕所博士见习生，替佐藤先生去各国调查厕所。

一君

绘里子小姐

到世界各地旅行的旅行专家，帮助世界厕所研究所做事。

本书中出现的国家

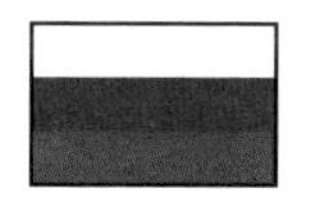

俄罗斯(P03)

美国（ P07 ）

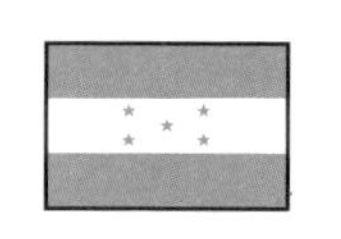

洪都拉斯(P11)

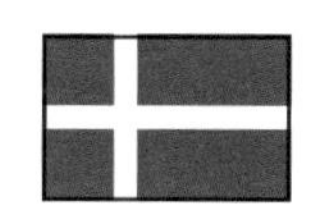

丹麦（ P14 ）

巴拿马（ P21 ）

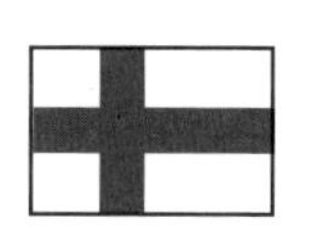

芬兰(P27)

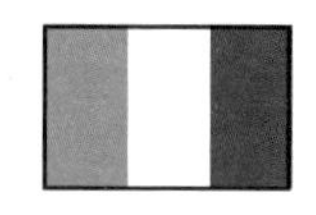

意大利（ P30 ）

西班牙（ P33 ）

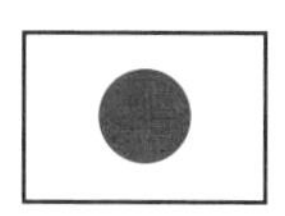

日本（ P36 ）

古巴（ P45 ）

伊朗（ P49 ）

尼泊尔（ P61 ）

英国（ P66 ）

德国（ P69 ）

前　言

不论是知名人士还是普通百姓，不论是小学生还是老年人，都要使用厕所。

平时我们谁都不在意，觉得我们生活中有厕所的存在是再正常不过的事情了。

只要我们活着，它就是不可或缺的。

这本书以我们身边的厕所为主题。主人公一君为了调查“世界各国的厕所都是什么样的”而踏上了旅途。我作为旅行专家，陪同一君一起展开调查。

世界上有很多国家，如同饮食、服装有差异一样，各国的厕所也会因国家、地域的不同而在形状、设施、使用方法上千差万别。

通过小小的厕所，我们也可以窥见这个国家的文化、历史和生活。

“居然有这样的厕所？”

“这样的厕所也太令人难以置信了！”

不同的厕所也许会让你在不经意间大吃一惊。

我们认为是理所当然、习以为常的事，放在更

广的世界范围来看，竟然有如此之大的差别！大家想不想通过这本书中讲述的各国厕所来体验一下这种不同呢？

一定会有很多令人激动的发现呢！

接下来，就让我们赶紧一起开启充满惊奇和激动的“世界各国厕所大调查”之旅吧！

绘里子

目　　录

第 1 章

屁屁完全能被看到？！厕所门大调查！

第 2 章

马桶里有珊瑚礁！！厕所马桶大调查！

第3章

用什么擦屁屁？厕所卫生纸大调查！

第4章

居然有这种地方？！奇奇怪怪的厕所大调查！

第 5 章

厕所大师毕业测试！

那，
进去吧！
你好呀！
-60℃

第 1 章

屁屁完全能被看到？！厕所门大调查！

世界厕所研究所
拜托啦！
来自所长的指令1
一君：
厕所应该有门，但是在世界各地，有很多种类的门，请你调查一下。
WC
关不上！
我帮你修理一下。

任务 1

屁屁完全能被看到！没有门的厕所

厕所没有门的真相

为什么厕所没有门呢？

西伯利亚冬天的气温可降到 -60℃！

如果把厕所的门关上的话，门会难以被打开。所以，从最初修建时，就没有安装门。

-60℃的厕所

便便很快就被冻住了，所以不臭！

硬邦邦
硬邦邦
指尖和鼻子会非常冷。
因为屁屁上的脂肪很多，所以屁屁并不十分怕冷。

西伯利亚地区位于俄罗斯的东部，在寒冬季节，这里的气温会降到 −60℃，你知道到底有多寒冷吗？

左边的画描绘的是 −60℃的世界，右边的画描绘的是 5℃的情形，思考一下，气温降到 −60℃环境会变成什么样子？
两幅图至少有 7 处不同，请找出来。

答案见 **17** 页

俄罗斯是个怎样的国家？

它是世界上陆地面积最大的国家！

俄罗斯莫斯科红场是莫斯科最古老的广场之一，是重要的旅游景点。

俄罗斯是幅员辽阔的国家，不同地方会有文化差异。

虽然俄罗斯会给人一种非常寒冷的印象，可是到了夏天，气温会上升到 40℃。

夏天居然有40℃！

任务 2 头和脚都露在外面！安装着短门的厕所

这种厕所的门短到人们的头和脚都能被看见，为什么会这么短呢？

短门的真相

为什么门这么短？

美国的厕所门被制作得很短，是为了防止在厕所里发生犯罪行为。

如果有人在里面做坏事，从外面可以一目了然。

所以故意把门制作得很短！

美国是个怎样的国家？

不同民族、种族的人们在这里生活哦！

在美国，有来自欧洲、非洲、南美洲、亚洲等各大洲的人们在这里生活。不同地区的学生学习的内容、用的教科书不同。

闻名世界的自由女神像矗立在纽约港入口处，被认为是美国的象征。

在美国的安全防范措施

- **在家中养看门狗。**
- **和邻居共同协作，相互照应。**
- **长时间不在家的话，可以拜托警察巡逻。**

如果厕所的门开着……

在美国，不使用厕所或房间的时候，人们通常会将门打开，这是一种信号，告诉别人“现在这里没有人使用”。

洪都拉斯

任务 3

隔断只有一块布！门上只挂一块布帘的厕所

厕所挂布帘的真相

这里是洪都拉斯伦卡人生活的乡村小屋。这里的厕所很简单，厕所没有门，只有一块布帘。

不过，这个村子自然风光秀丽，有许多色彩鲜艳、叫声动听的鸟儿。鸟叫声会掩盖住上厕所的声音。

“要是一阵风吹过，布帘被吹起来了怎么办？”一君边上厕所边担心。好在四周比较僻静，没有什么人。

洪都拉斯是怎样的国家？

它拥有世界闻名的美丽海滩哦！

位于北美洲的洪都拉斯盛产美味的咖啡。

洪都拉斯的原住民是印第安人。这里是古代玛雅文化的发祥地之一。

迷宫

在洪都拉斯有“玛雅文明”的古代遗迹哦！

你能从起点通过迷宫走到终点吗？

答案见 17 页

任务 4

无论男女，都从同一个门进入的厕所

大家都觉得男厕所和女厕所完全分开是理所当然的吧，但好像也有国家不是这样的。

男女共用厕所的真相

为什么男女会使用同一个厕所？

你听过“平等”这个词吗？就是大家之间没有差别、完全相同的意思。在丹麦，无论男女，大家都可以自由使用“平等”的厕所。

游戏题
在中国，厕所有很多不同的叫法。
看图，在中填入文字，把厕所的不同叫法补充完整。
卫
洗
房
间
间
洗
室
提示 答案见 17 页

丹麦是一个怎样的国家？

位于丹麦哥本哈根市的小美人鱼铜像是丹麦的象征，它是根据著名的安徒生童话《海的女儿》中的主人公形象铸造的。

丹麦是一个非常重视环境保护的国家，大量使用风力进行发电。

丹麦是著名童话作家安徒生的故乡。大家都读过他写的《海的女儿》《丑小鸭》等故事吧？

报告书
我之前理所当然地认为，厕所门应该能够保障人们不会感到害羞，但是有些地方的厕所没有门，或者仅有一块布帘。看来，厕所门的种类真是多种多样。
答案
05页
-60℃
5℃
13页
起点
终点
15页
卫
洗
茅
生
手
盥
房
间
间
洗
室

第2章

马桶里有珊瑚礁！！厕所马桶大调查！

世界厕所研究所
拜托啦！
来自所长的指令2
一君：
我们觉得坐在马桶上上厕所是理所当然的，那么世界各国的马桶是什么样的？请你去调查一下吧。
呼呼呼……
不要迷迷糊糊的！

任务

5

马桶里有珊瑚礁？能看到鱼的马桶

一君在马桶里看到了什么？

马桶里面是什么样的？

到下一页仔细看看马桶里的特写吧！

游戏题

提示

有可能藏起来了哦！

把便便找出来！

在马桶里有几个便便呢？

答案见下页

答案

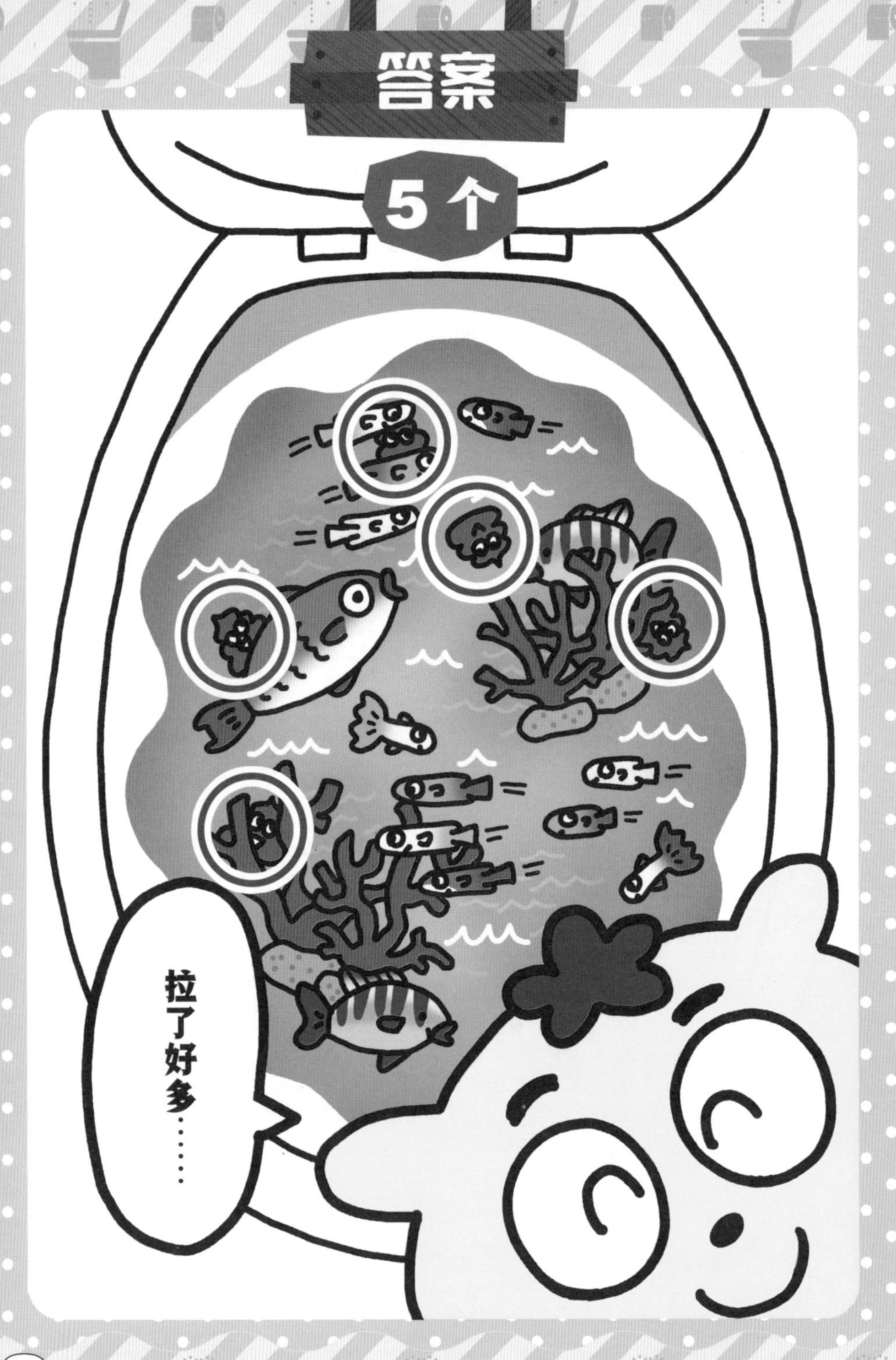

马桶里能看到鱼的真相

为什么会在马桶里看到鱼在游呢？

巴拿马在加勒比海上有若干座小岛。这个厕所位于其中的一座小岛上，这座小岛是手机信号都不能到达的地方。这里的人们以捕鱼为生。

如果你朝马桶里看的话，会看到五彩斑斓的热带鱼自由自在地游着。没错，在小岛上没有可冲水的马桶，所以便便和尿只好直接排进海里。

巴拿马是怎样的国家？

它有著名的巴拿马运河哦！

巴拿马的螺旋式大厦是一座52层高的建筑，造型奇特，360度扭曲如同螺丝！

巴拿马是连接北美洲和南美洲的国家，有便于大船航运的水路——巴拿马运河。巴拿马运河自建成以来就是重要的海上交通要道。

库那族是巴拿马的原住民，生活在加勒比海上。库那族的女性通常穿着色彩艳丽的服装，该服装被称为“莫拉”。

巴拿马是连接北美洲和南美洲的国家哦！

任务

6

不踮起脚就够不到马桶？位置很高的马桶

以后个子会长高的。
马桶太高我爬不上去！

在世界上也有一些很高的马桶。

为什么马桶设置得很高呢？

马桶高的真相

芬兰人的身高普遍非常高，因此，他们的马桶也做得很高。芬兰人的平均身高的排名在世界名列前茅！除此之外，芬兰的造纸业很发达。

个子高，马桶也高
平均身高在世界名列前茅！
178.2 厘米
168.1 厘米
豪华！
3层！
在中国也有哦……
游戏题
请从27页的插图中找到以下4幅画！
答案见41页
驯鹿
圣诞老人
便便
花

芬兰是一个怎样的国家？

它是姆明[1]和圣诞老人的故乡哟！

芬兰赫尔辛基大教堂，又称白教堂。

芬兰森林广袤，湖泊众多，约有 18.8 万个面积在 500 平方米以上的湖泊。

夏天的时候，太阳总是挂在天上，很明亮。到了冬天，有时候很长时间见不到太阳。

如同日本人喜欢泡澡一样，芬兰人特别喜欢蒸桑拿！全国居然有约 300 万个桑拿房。

[1] 姆明是芬兰儿童故事中的一个形象。

任务 7

两个马桶？不知该把便便拉到哪个马桶

设置两个马桶的真相

一间厕所里有两个马桶？！其中一个叫坐浴桶，是用来洗屁屁的。最初是由古代意大利王后玛丽亚·卡罗莱纳设置在王宫里的，如今每个意大利家庭都有哦！

以下四个词都源自意大利，你能在 10 秒内记住它们吗？

列奥纳多·达·芬奇

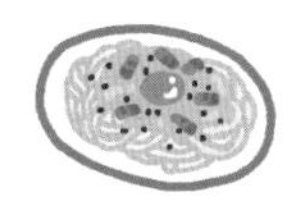

培根蛋酱意大利面

米开朗琪罗

法拉利

意大利是一个怎样的国家？

它是世界文化遗产最多的国家！

比萨斜塔是意大利的标志性建筑之一。

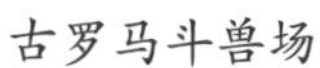

古罗马斗兽场是个靴子的形状！

意大利是位于欧洲南部的国家。整个国家的形状如靴子。比萨是意大利的代表食物，一个意大利人会独自吃掉一大张比萨哟！

任务 8

没有马桶圈？不能坐的马桶

西班牙

游戏题

在没有马桶圈的坐便器上怎么拉便便呢？

半蹲着

让别人抱着

蹲上去

答案见下页

没有马桶圈的真相

答案
1
半蹲着
坚持不让
屁屁坐下
去才行！

为什么没有马桶圈呢？

西班牙的公共厕所为了防止恶作剧和方便打扫卫生，所以没有设置马桶圈。那么该怎样上厕所呢？正确答案是半蹲着上厕所。上厕所就意味着你要做臀部和腿部训练啦！

我们拉便便时都是不坐下的！

西班牙是一个怎样的国家？

16 世纪晚期至 17 世纪早期，是西班牙国力最强胜的时期。

西班牙马德里皇宫是世界上保存最完整且最精美的宫殿之一。

曾经，西班牙的影响力遍布世界各个角落。即便是今天，仍有 20 多个国家和地区将西班牙语作为官方语言。

西班牙有很多盛大的节日。其中，有牛追着人们满街跑的“奔牛节”，也有持续一周的满大街猩红一片的“西红柿大战”。

任务

9

按钮太多？方便但操作复杂的马桶

智能马桶的真相

坐浴、干燥、消音、水量大小调节、生态清洗、自动开关马桶盖……

这些功能对每天使用智能马桶的日本人而言非常实用，操作起来也很简单，但是好像对其他国家的人们造成了困扰。

9 问问其他国家的人！

日本的智能马桶怎么样呀？

不知道按钮都是干什么用的。

不知道如何操作。

只写了日语，完全看不懂。

除此之外，还有人反映不知道该按哪里，误按了紧急按钮。

来学习一下智能马桶上的标识吧！

为什么日本人觉得很方便的智能马桶，其他国家的人用着却很难呢？为了解决这个问题，我们来学习一下日本智能马桶上的标识吧！

当你按下一个按钮时会发生什么事？利用下面的图片来学习一下吧！

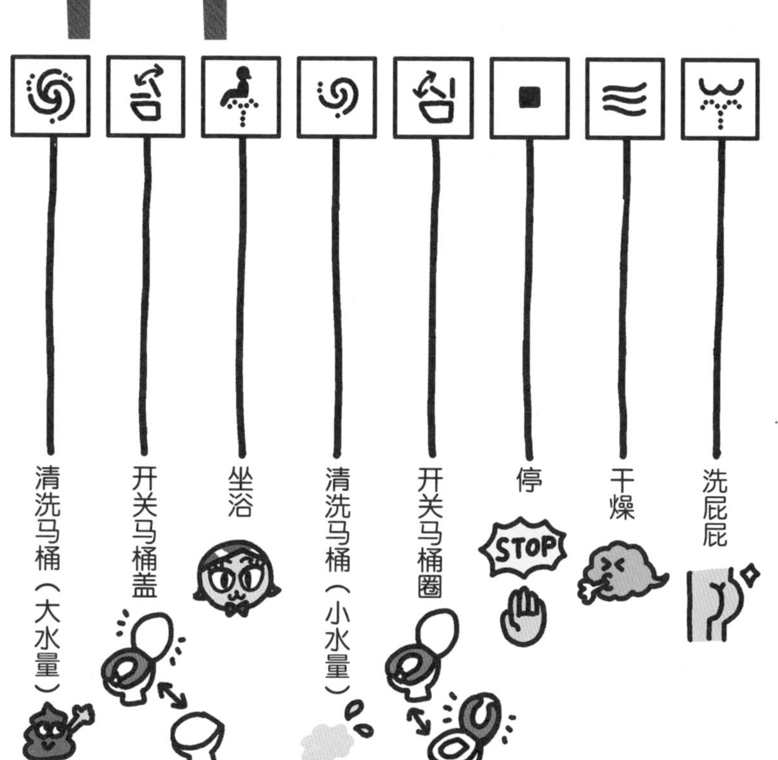

小知识

让马桶清洁更简单的小技巧

荷兰公共厕所的小便池上居然有“苍蝇”，这是为什么？

男生小便时总会有瞄准什么的习惯吧？

在小便池内贴上一个标记，男生小便时就会不由自主地瞄准它，这样就不容易尿到小便池外边了，清洁卫生间也就容易了。

在日本也有“目标贴纸”。小便时命中贴纸的话，贴纸上的图画或颜色会改变。

目标贴纸变色示意图

报告书
不同国家、不同地区的人们使用的马桶各不相同。
从我们和便便告别开始，到便便开启它的旅行为止，这其中也许会有完全不同的经历呢！
答案
以后个子会长高的。
马桶太高爬不上去！
28页游戏题

啊！
变脸？

第3章 用什么擦屁屁？厕所卫生纸大调查！

世界厕所
研究所
拜托啦！
来自所长的
指令3
一君：
拉便便之后，用
卫生纸擦干净屁屁，
然后把用过的卫生纸
冲走似乎很正常，但
好像也有别的方法，
请调查一下！
WC
没有卫生纸！
糟糕！

任务 10

用过的卫生纸不能冲走？不冲卫生纸的马桶

卫生纸的真相

为什么不能把卫生纸冲走呢？

在古巴，如果把卫生纸扔进马桶冲走，马桶立刻就会被堵住，所以要把用过的卫生纸扔进垃圾桶哦。在很多国家，人们都不能把卫生纸扔进马桶冲走。

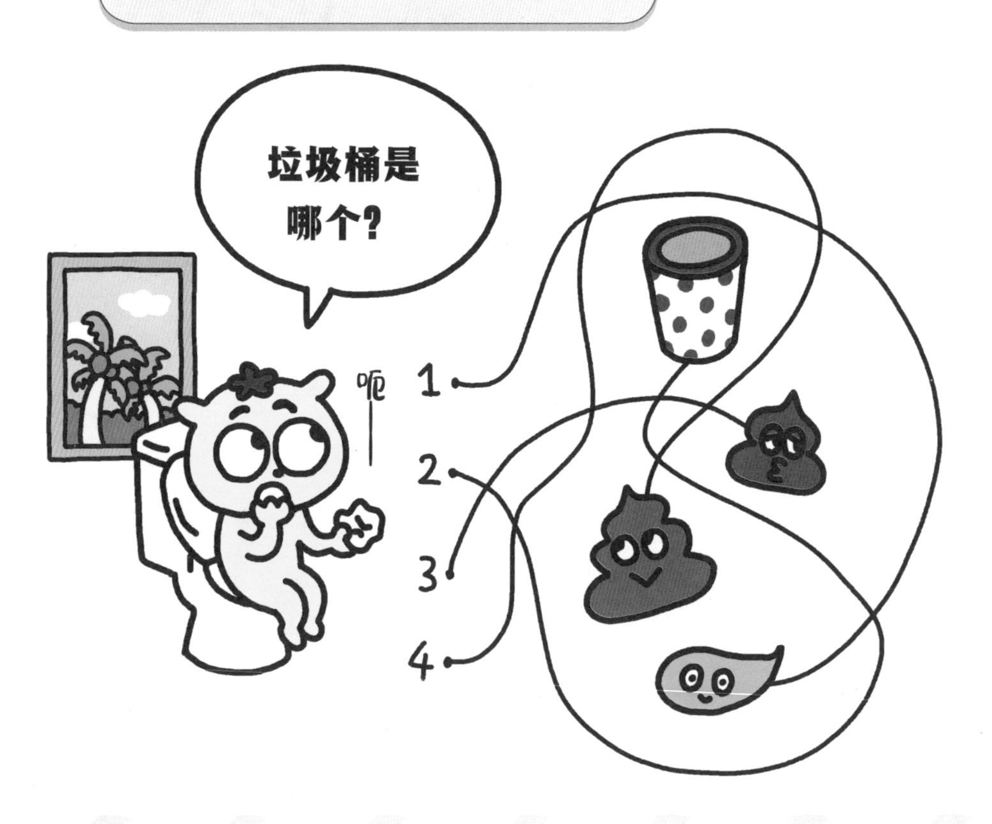

古巴是一个怎样的国家？
它的学校、医院都免费哦！
古巴国会大厦位于首都哈瓦那，是古巴最宏伟的建筑之一。

古巴是位于加勒比海北部的岛国，以热带雨林气候为主，年平均气温为 25℃。古巴人非常喜欢音乐！上至九十九，下至刚会走，都擅长跳舞。棒球和排球在古巴是非常受欢迎的体育运动。

小知识

马桶的内部是什么样的？排水管的结构

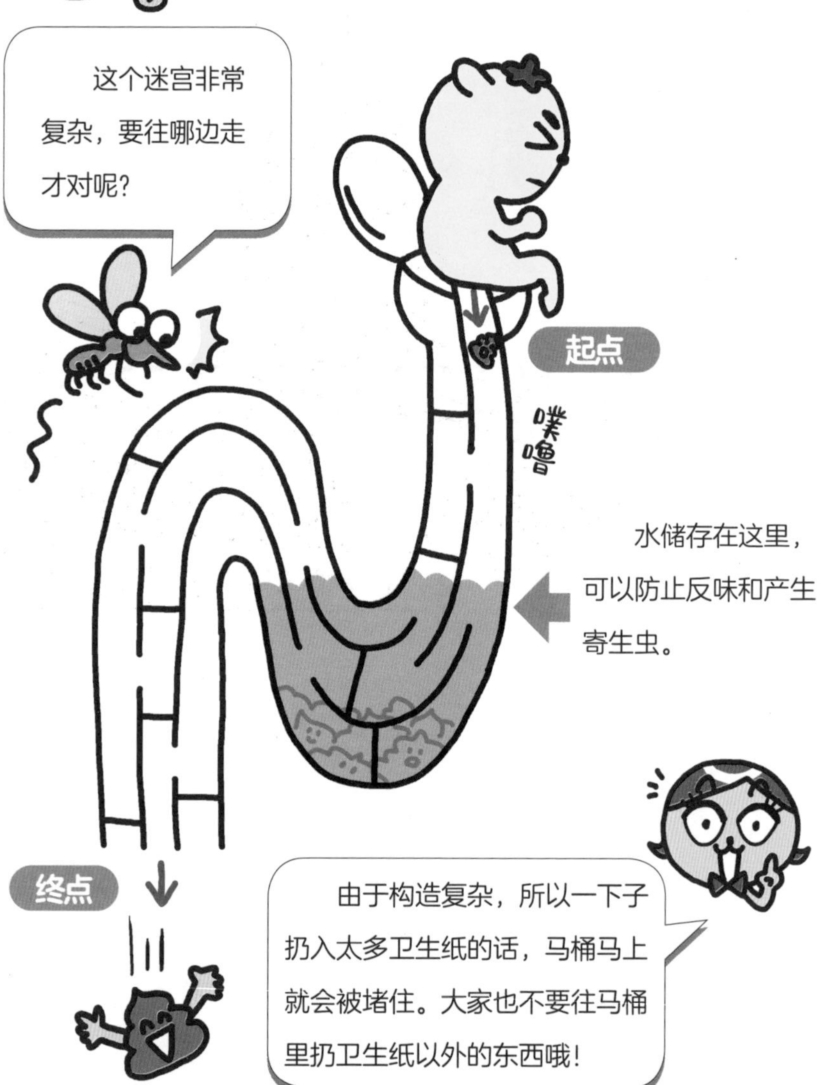

这个迷宫非常复杂，要往哪边走才对呢？
起点
噗噜
水储存在这里，可以防止反味和产生寄生虫。
终点
由于构造复杂，所以一下子扔入太多卫生纸的话，马桶马上就会被堵住。大家也不要往马桶里扔卫生纸以外的东西哦！

答案见 57 页

任务 11

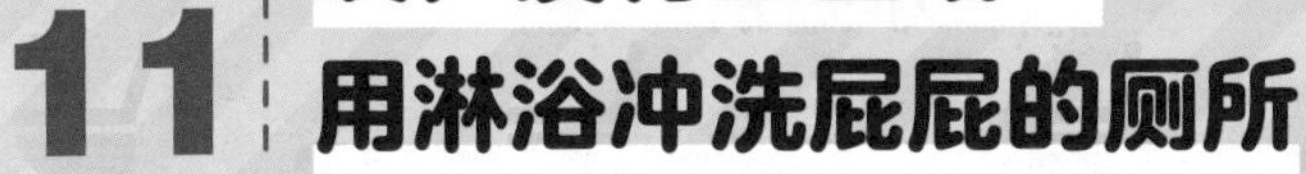

咦，没有卫生纸？用淋浴冲洗屁屁的厕所

伊朗

游戏题

上厕所后，要怎么清洁屁屁呢？

1 用刷子洗干净

2 冲水洗干净

3 用手洗干净

答案见下页

厕所没有卫生纸的真相

答案

2和3

右手拿住软管
水温可以调节
用左手清洗
面对着门的方向蹲下

在伊朗，人们可以用专门的淋浴设备来清洗屁屁。

在伊朗人看来，上完厕所仅用卫生纸来擦拭是不干净的。

伊朗是一个怎样的国家？

伊朗古称波斯，曾是一个很强大的国家哦！

伊朗自由纪念塔，气派雄伟，风格新颖，是德黑兰的地标性建筑。

伊朗是位于中东的国家。大家也许认为它身处沙漠，但是其实在那里也是可以看到高山和海滩的。

波斯地毯是伊朗制造的。和中国人的习俗一样，伊朗人到了年底要大扫除，还可以拿到压岁钱哦。

世界各国人民擦屁屁方法示意图

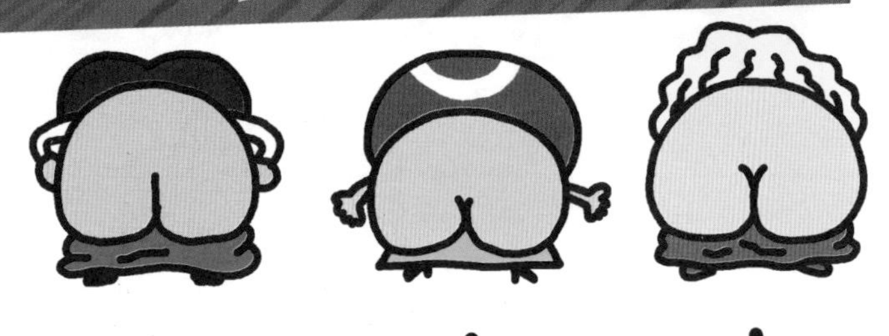

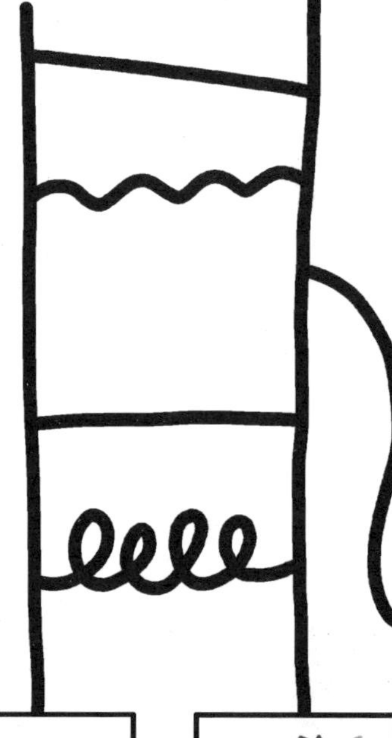

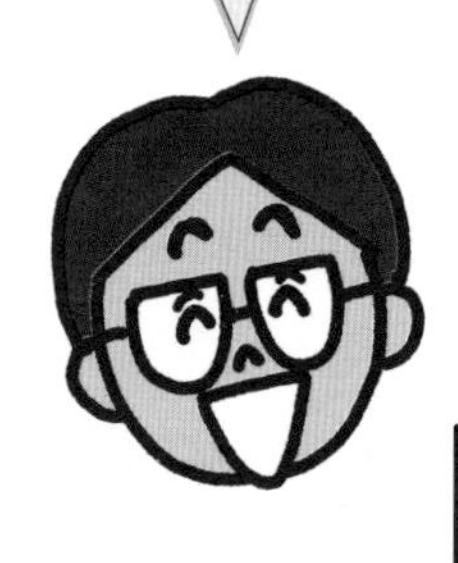
在所有生物中，拉便便之后要用些东西擦屁屁的只有人类哦！

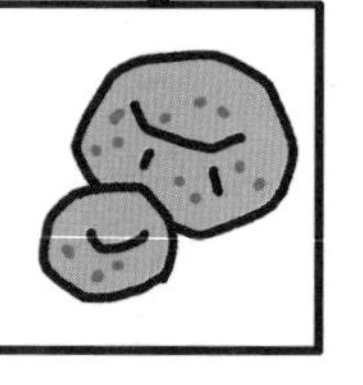

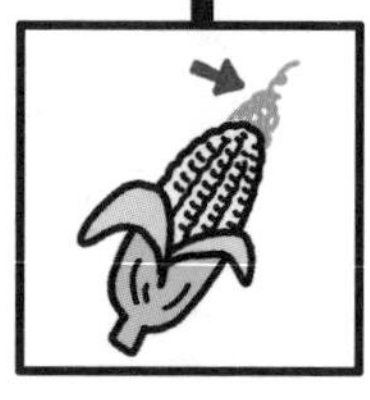

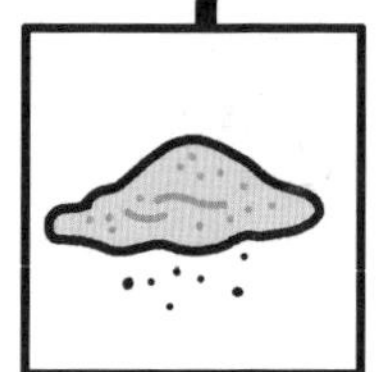

石子　玉米穗　沙子

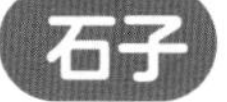

大家每天都要使用卫生纸。但是，拉便便之后要用卫生纸的人在地球上大约只占 1/3。那么除了卫生纸之外，人们还使用什么来擦屁屁呢？

换了你，想用什么擦屁屁呢？

石子

在非洲、南美洲的一部分地区，人们会使用小石子来擦屁屁。

玉米穗

在美国的玉米主产区、北美洲巴拿马的一部分地区，人们会在非常时期使用玉米穗或者搓掉玉米粒的玉米芯来擦屁屁。

沙子

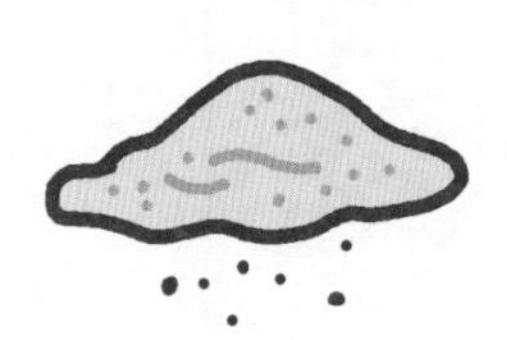

在沙特阿拉伯等一些沙漠国家和地区，人们会使用沙子来擦屁屁。

绳子

在非洲的一些国家，人们使用绳子来擦屁屁。

叶子（蜂斗菜）

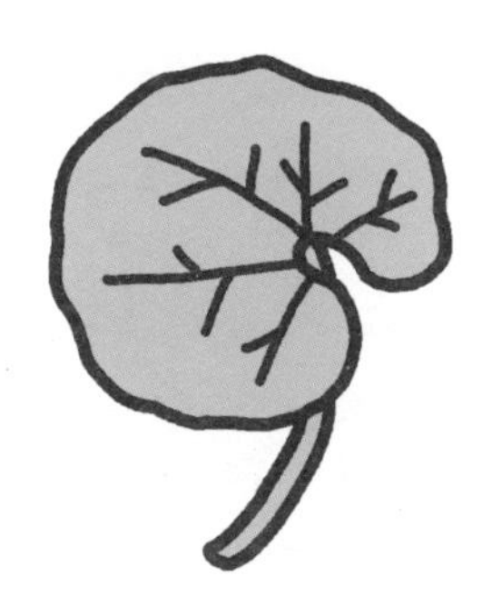

在日本，人们曾经使用无花果、蜂斗菜的叶子来代替卫生纸。

海绵

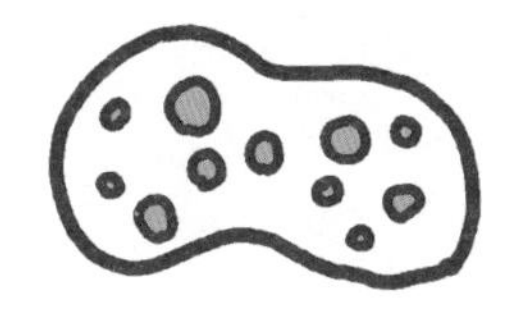

据说古罗马人用海底取来的天然海绵擦屁屁。

小知识

卫生纸的正确使用方法

大家尿尿或者拉便便之后，是怎样擦屁屁的呢？

在这里有**两种错误**的擦拭方法，猜猜看吧！

游戏题

1. 从前面伸手，从后向前擦。
2. 从后面伸手，从前向后擦。
3. 使出全部力气胡乱地擦！

重要的是，擦拭的时候，不要把便便粘到别的地方。特别是女生，从前面伸手，从后向前擦屁屁是不卫生的哦。擦的时候不要过度用力，要温柔地擦！

答案是

报告书
拉便便之后清洁屁屁时使用的东西，在不同国家用不同的材料制成。现在我们使用卫生纸来清洁屁屁，这对过去的人们来说是不可思议的。
答案
起点
终点
48页

第 4 章

居然有这种地方？！奇奇怪怪的厕所大调查！

世界厕所
研究所
拜托了！
来自所长的
指令4
一君：
在日本到处都有厕所，很方便吧。
在世界上一些超出想象的地方是否也有厕所呢？去调查一下吧！
便便之书
去厕所吧

任务

12 便便必须要带回去？海拔6千米处无厕所

海拔 6 千米处无厕所的真相

为什么要把便便带回来呢?

在平均海拔 6 千米的喜马拉雅山脉上生长的植被非常有限。如果在那里拉便便的话，便便不会腐化成泥土，那要怎么办呢?

下图是尼泊尔一侧的喜马拉雅山脉哦!

要把便便放进便携袋里带回来，下山之后将它当作垃圾扔掉。

这个对页上有 2 张喜马拉雅山脉的图，图中有 8 处不同哦。仔细观察，你能找出不同之处吗？

答案见 **79** 页

尼泊尔是怎样的国家？

众多民族在尼泊尔生活呢！
尼泊尔博达哈大佛塔是世界最大的圆佛塔。

尼泊尔是处在中国和印度之间的南亚国家，与中国共有世界第一高峰——珠穆朗玛峰。尼泊尔人每天都会吃一种以咖喱为调味品、由豆类和米饭共同组成的传统食物，这种食物被称作豆汤饭。

男人会穿一种叫道拉·苏鲁瓦尔（Daura Suruwal）的民族服装。

小知识

在高海拔的地方，人的身体会怎样？

在高海拔的地方，人会不舒服的原因

你有没有听说过，在高海拔的地方，空气中的氧气会减少？

在高海拔的地方，由于空气中氧气稀薄，人体会因为供氧不足产生一系列缺氧症状。于是，血液流通状况会变差，甚至把氧气送往大脑都变得艰难。人会出现头痛、眩晕、反胃等症状。在 61 页的图中，两个人变得焦躁也是氧气不足的原因。

任务 13

从哪里冒出来的？突然出现的厕所

游戏题

这个厕所是怎么出现的呢？

答案就在下面的3个选项中！

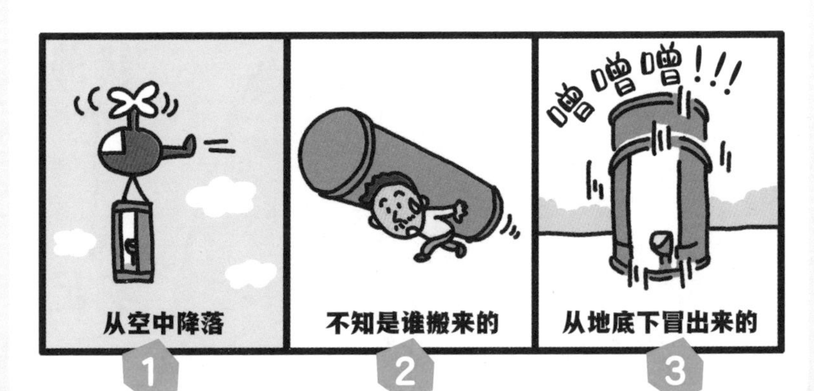

答案见下页

突然出现的厕所的真相

3 从地底下冒出来的厕所

这种厕所被称为弹出式厕所，平时埋在地下，到了晚上会出现在人多、热闹的地方。不可思议吧！

英国是一个怎样的国家？

它是现代足球诞生的国家哦！

伊丽莎白塔，俗称大本钟，是世界著名的哥特式建筑之一，也是伦敦的标志性建筑。

在英国首都伦敦的街道上，穿梭着这座城市标志性的红色双层巴士。此外，英国还有一种绅士文化。

任务

14

公共厕所不免费！德国高速公路上的厕所

高速公路厕所的真相

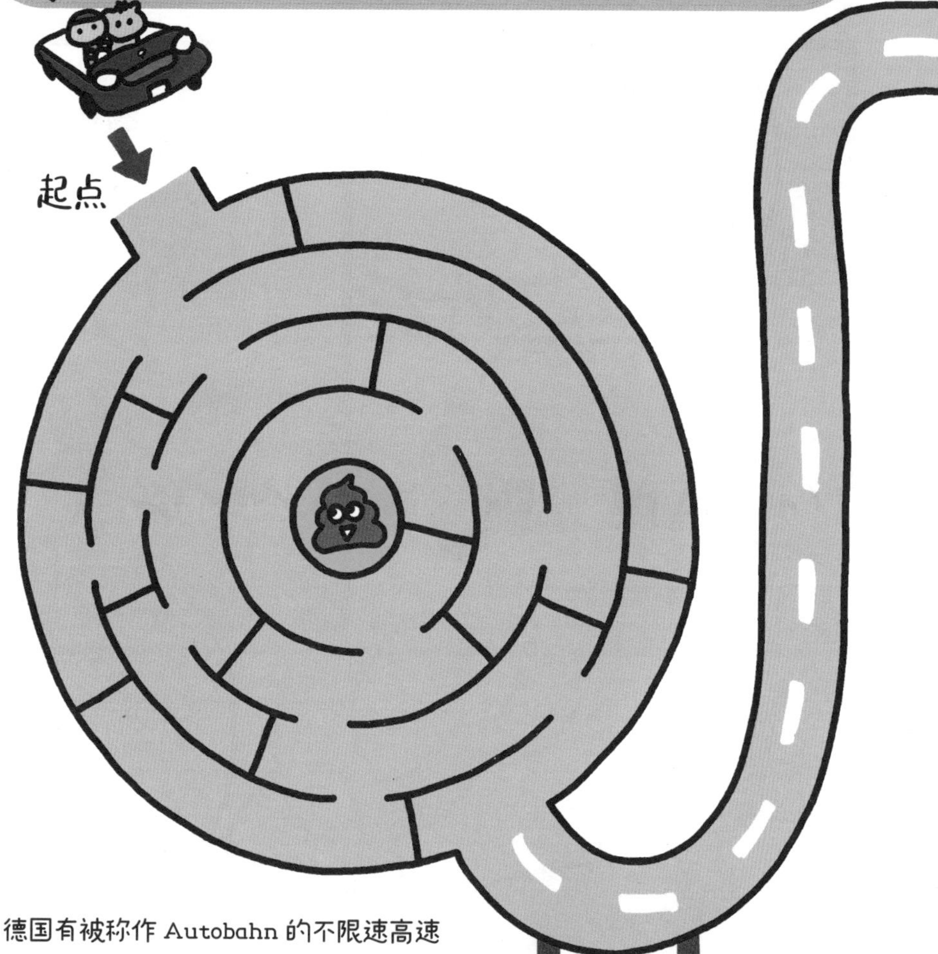

德国有被称作 Autobahn 的不限速高速公路。一君能否顺利抵达厕所呢？

游戏题

注：Autobahn 是全长约 13 000 千米（约为地球周长 1/3）的遍布德国全境的免费高速公路。

答案见 79 页

在德国，使用公共厕所需要交费。为了使厕所保持干净卫生，就需要请人打扫和管理，这样会花不少钱，所以使用厕所不是免费的。

但是也有人不愿意交费，这些人在厕所以外的地方小便或者拉便便。这样是不文明、不卫生的行为。

德国是一个怎样的国家？

德国几乎在欧洲的正中间。

勃兰登堡门是德国最具标志性、最受欢迎的地标之一。它是德国统一的象征。

世界各国的许多游客为了看美丽的城堡、教堂来到德国。

德国是非常崇尚自然的国家。德国人喜欢回收旧物，将使用过的东西回收再利用非常盛行。

小知识

世界上每三个人中就有一个人不能使用干净的厕所?

大家是不是觉得厕所的存在是理所当然的?

实际上在世界各国，有很多人没有办法使用干净整洁的厕所，据说每三个人中就有一个人存在此类情况。

无法使用干净厕所的人们，要么使用桶或者塑料袋，要么就在户外草草解决问题。有一些地方的学校里没有厕所，有的孩子因为“不想被人看到在外面解手”，所以不在学校上厕所。

实际上，我们的便便携带很多能够引起疾病的细菌。所以，拥有干净的厕所是一件非常重要的事。

任务 15

交通工具上的厕所，到底是怎样的？

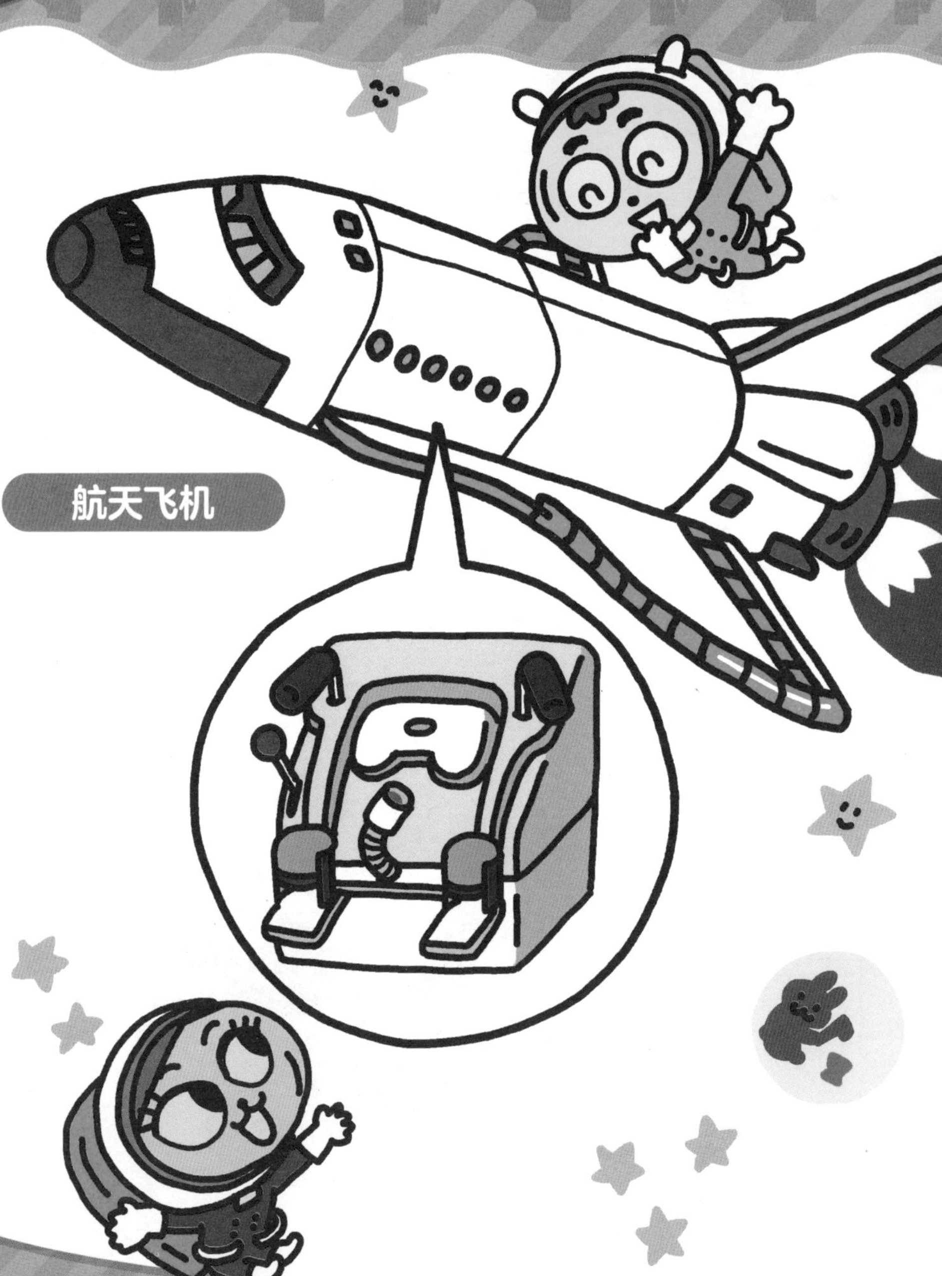

飞机

高速列车

高速列车上的厕所和飞机上的厕所相同

露营车

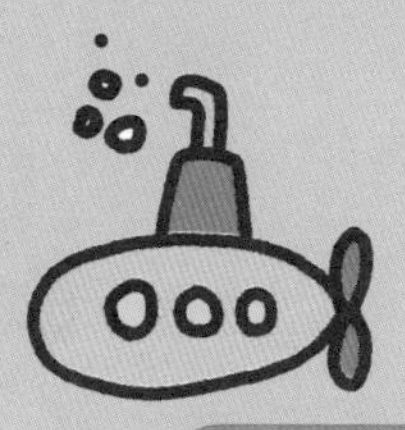

潜水艇

便便储存在卫生罐中，被排入海里

船（大型船）

船用厕所

太空厕所的真相

终于，一君他们来到了太空。宇宙是没有重力的空间，这里的厕所是怎样的?

在太空中如何使用厕所?

哇!

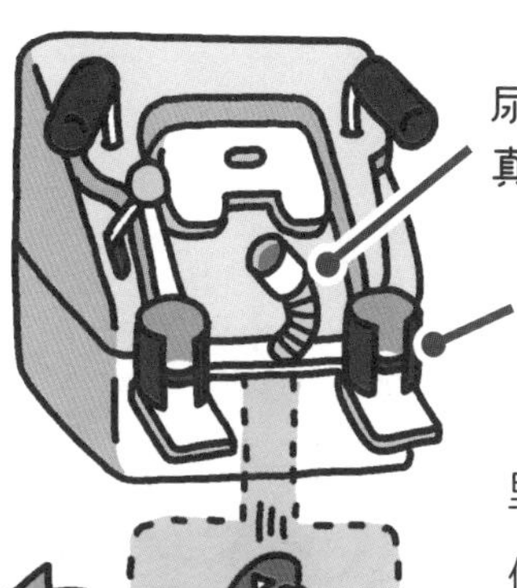
尿液会被
真空吸走
双脚要固定起来
风扇

要把便便拉在固定在马桶上的塑料袋里。上厕所的时候，风扇会转起来，使便便不会飘起来。上完厕所，要密封好塑料袋，把塑料袋保存在储藏箱内。这些是要被带回地球的。

在宇宙飞船中，人的身体会不由自主地飘起来。

上厕所时，要防止身体飘动，人的身体要和马桶保持贴紧的状态。

上太空之前，要先练习使用模拟太空厕所哦!

宇航员

小知识

哪里都能上厕所吗？“随处可用的厕所”

你相信随处都可以上厕所吗？

使用下面介绍的东西，就可以随时随地上厕所啦。

便携厕所

便携厕所内部有可以将便便、尿液变成固态的药片，防止产生味道和细菌，女用的还附带斗篷哦！

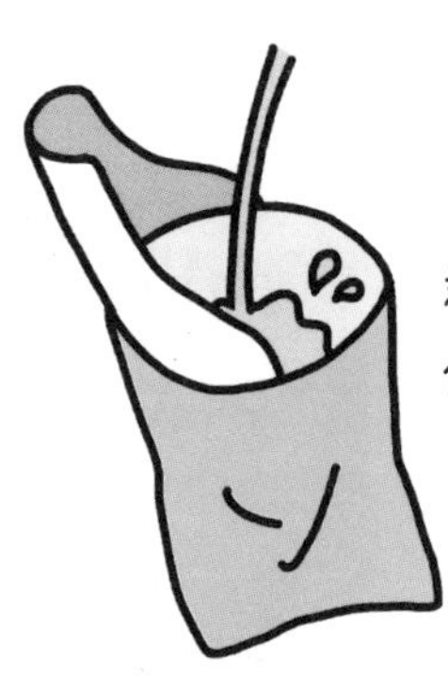

这是可以吸收尿液的便携厕所。

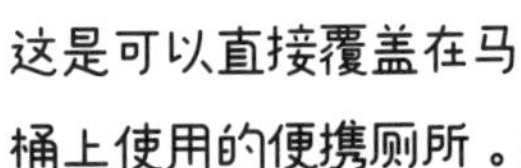

这是可以直接覆盖在马桶上使用的便携厕所。

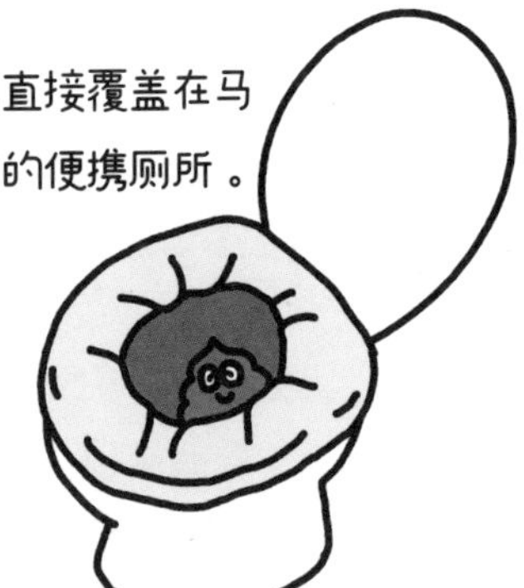

随处可用的便携厕所，可以在没有厕所的大山深处或者海边使用。

在停水或者马桶故障导致不能用家里的厕所时，它们也会发挥作用，它们是非常重要的物品。

报告书
无论在什么地方，
人都需要上厕所。
因此，人们在山里、
城市街道都花了很多心
思修建厕所。

答案

62~63 页

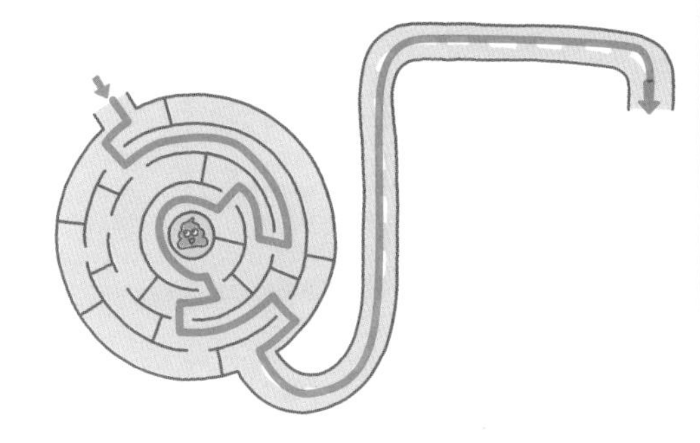

70~71 页

厕所
测试抢答题

加油哇！！

日本代表
一君

0

洪都拉斯代表
玛利亚

0

西班牙代表
何塞

0

第 5 章

厕所大师毕业测试！

世界厕所
研究所
来自所长的
指令5
一君：
调查了世界的厕所，你辛苦啦！最后为了检测你是否已成为一名合格的厕所大师，要给你出考试题了。希望你奋斗到底哦！
加油！

这是做什么用的东西?

Q1

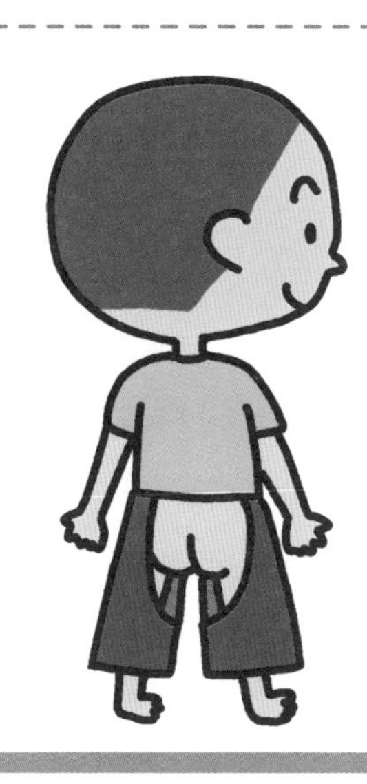

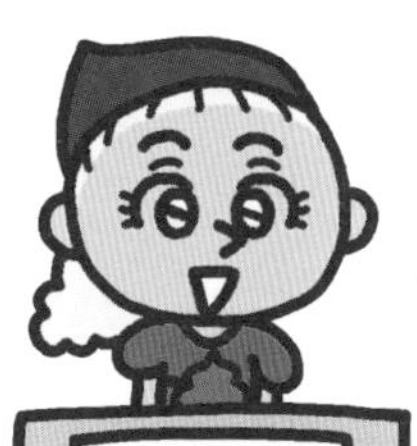
是新的时尚吗?
玛利亚
0

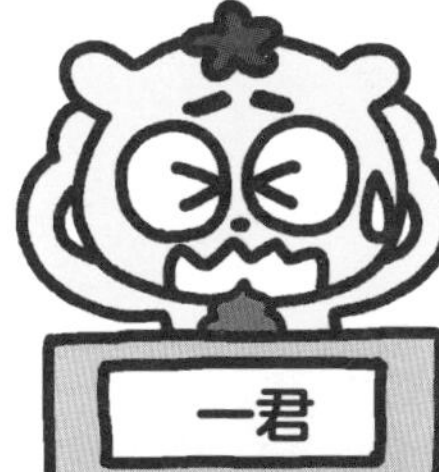
这种东西没见过呀!
一君
0

嗯，是小孩子穿的呢!
何塞
0

A1
回答正确！
是练习
上厕所
用的吧？
叮咚！！
玛利亚
10
玛利亚小姐
得10分！

答案　练习上厕所用的

上页中把屁屁完全露出来的裤子叫作开裆裤，是中国传统的婴幼儿衣物。这种裤子可以防止宝宝得尿布疹，并且方便训练孩子自己尿尿、拉便便。

这个时髦的玩具包包从中间打开的话，就变成一个小马桶。父母带宝宝外出时，带上这个包包，可以让宝宝开开心心地练习上厕所。

Q2

人一生要上多少次厕所呢?

A2

答案　15 万 ~20 万次

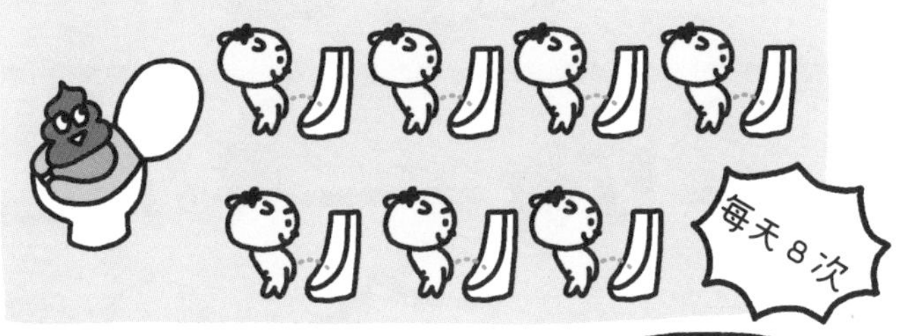

据说人一天大约要去 8 次厕所。1 年的话大约 2900 次。

如果人活到 80 岁的话，则要上大约 23 万次厕所。人一生当中大约有 3 年的时间是在厕所里度过哦！

人活 80 岁的话，他这一生大约会产生 8.8 吨的便便哦！

这么多次呢！

Q3

厕所之神是否存在呢?

答案 不存在

虽然不存在厕所之神，但在日本，人们会认为很多东西都有神明掌管。所以，日本人认为厕所也有神，他的名字叫“乌枢沙摩明王”，即除秽金刚。

冲水式厕所从什么时候开始有的呢？

A4

答案 **2400 年前**

中国考古人员在陕西秦汉栎阳城遗址中发现了这个古老的厕所，是个冲水式厕所，距今约 2400 年。

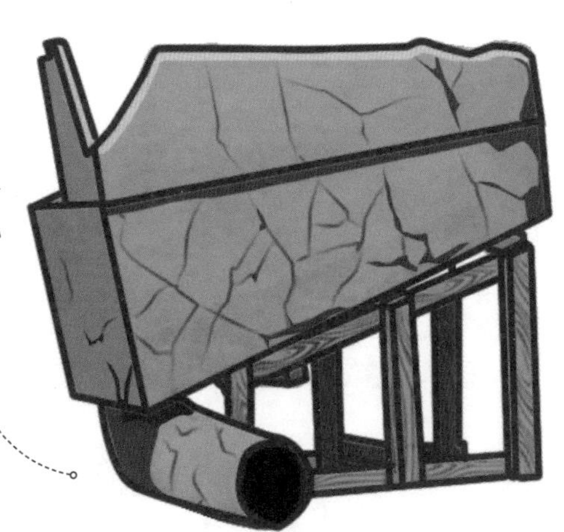

这可能是迄今为止发现的最古老的马桶之一。

日本的卫生纸被水浸湿几秒后会溶解？

Q5

1 1000 秒

2 5 秒

3 100 秒

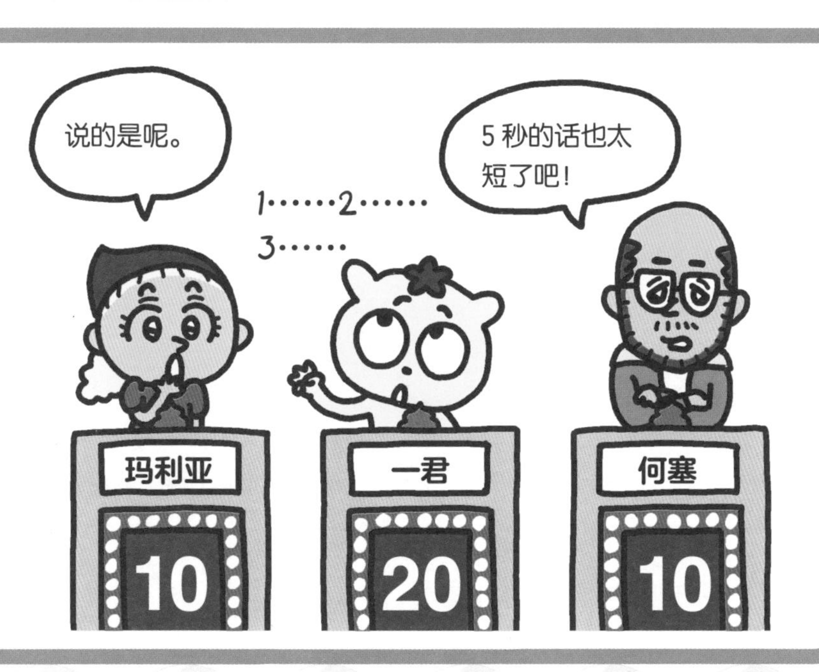

A5

答案 3

在日本，100 秒内不能在水中溶解的卫生纸不能被售卖。为了避免卫生纸堵塞下水道，人们也是下了不少功夫呢。

下图中最好的便便是哪个？

A6

回答正确！
居然全体
都是 20 分了！

2 号
便便！
玛利亚
20
我的便便也是这样的！

答案 2

健康的便便是茶色略带一点黄，能顺利地被拉出来，气味不会很臭。

你好呀！
你的便便健康吗？

下面 3 张图中，最容易拉便便的姿势是哪种？

Q7

1 蹲在马桶上

2 思想者的姿势

3 抱着马桶

A7

蒙对了！
一君回答正确！
哎哟，这回是……
一君得10分！

答案

2 思想者的姿势

与完全坐直的姿势相比，以身体前倾、脚跟稍稍抬起的姿势来拉便便，能使便便出来得更顺畅哦！

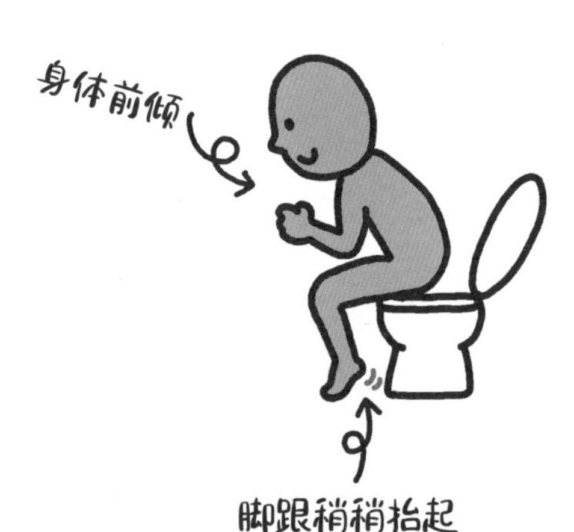

便秘的人可以试试这种姿势哦！

庆祝获胜
哇!
哇!
恭喜恭喜!
优胜者是一君!
锵——锵锵锵!!
一君
30
恭喜!
恭喜!
呱唧呱唧!
玛利亚
20
何塞
20

顺利完成调查厕所的任务
一君和绘里子小姐一起平安回到世界厕所研究所。
接下来是一君的表彰仪式
世界厕所研究所
你做得非常好！
谢谢！
撒花！

我现在也是厕所大师啦！
今后关于厕所的事
就交给我吧！
恭喜！

通过厕所看到的世界是什么样子的呢?

我们每天理所当然地使用着厕所。从厕所这个小小的世界，可以看到人们在生活方式、文化背景等方面的差异。除此之外，厕所也在一定程度上反映了人与自然的关系，以及各种社会问题。

作为本书的作者，我一直在研究世界各国的厕所。迄今为止，我在世界 50 多个国家的 103 个当地家庭生活过，以这份体验为基础，写了这本书，希望能通过人人都离不开的厕所，让大家了解不同国家的人们在生活习惯和对环境的态度方面的差异。

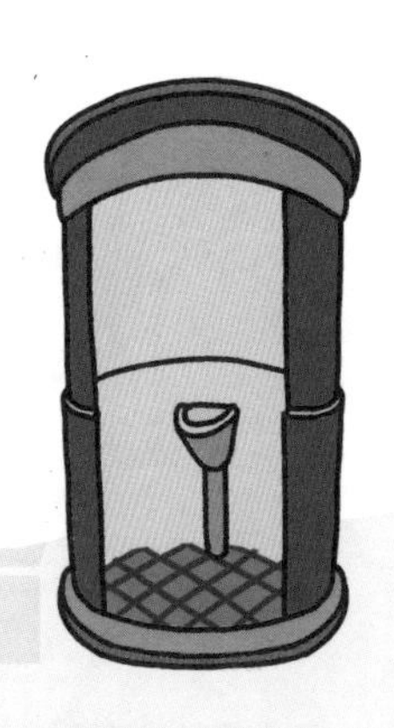

不同的生活习惯，总是能够在给人带来惊讶的同时，将我们引向不同的视角，提升我们的想象力。如果大家看了这本书，能够体会我们是地球多样性的一部分这个精髓，那就实现我的愿望了。

绘里子

后记 2

我肠胃弱，要经常跑厕所。

如果不知道厕所在哪里，我会不想外出，因为总是想着能否安心地去厕所（我现在正在一家小茶馆里写这篇后记，这是家非常不错的小店，它的洗手间设施齐备，整洁卫生）。

通过这本书，我知道了在世界上有很多人无法在安全的环境下上厕所，为此感到遗憾。

我很喜欢厕所，因为它对人而言是不可或缺的。

厕所是我们生活中无法避开的存在，它与每个人的生活息息相关。我希望人们能够更轻松愉快地讨论、交流厕所的话题。这是一件很有趣的事，不是吗?

通过这本书，让大家能够了解世界上各种环境中的厕所，也是这个愿望的一部分。诸位读者如果能有一点点喜欢厕所了，那我会非常高兴。

还有，我要对作者绘里子小姐、插画师寺崎爱小姐付出的辛勤努力表示感谢！真的非常感谢你们！

厕所一直在等待着我们使用，今天我也用了它。如果有不开心的事，就放水冲走它，然后面向未来继续生活吧！

佐藤满春

责任编辑：刘万年　　责任校对：殷　亮
特约编辑：叶少红　　封面设计：万　聪

图书在版编目（CIP）数据

小厕所中的大学问：你不可不知的爆笑另类科普 / (日) 绘里子著；(日) 寺崎爱绘；王慧译. -- 北京：北京体育大学出版社，2023.10

ISBN 978-7-5644-3898-2

Ⅰ. ①小… Ⅱ. ①绘… ②寺… ③王… Ⅲ. ①公共厕所－世界－少儿读物 Ⅳ. ①TU998.9-49

中国国家版本馆CIP数据核字(2023)第178718号

北京市版权局著作权合同登记号：图字 01-2023-3359

小厕所中的大学问：你不可不知的爆笑另类科普
XIAO CESUO ZHONG DE DA XUEWEN : NI BUKEBUZHI DE BAOXIAO LINGLEI KEPU

[日] 绘里子 著　[日] 寺崎爱 绘　王　慧 译

出版发行：北京体育大学出版社
地　　址：北京市海淀区农大南路1号院2号楼2层办公B-212
邮　　编：100084
网　　址：http://cbs.bsu.edu.cn
发 行 部：010-62989320
邮 购 部：北京体育大学出版社读者服务部 010-62989432
印　　刷：河北朗祥印刷有限公司
开　　本：880 mm × 1230 mm　1/32
成品尺寸：146 mm × 210 mm
印　　张：3.75
字　　数：60千字
版　　次：2023年10月第1版
印　　次：2023年10月第1次印刷
定　　价：49.80元